Florian Kniedler

# Wie funktioniert eigentlich JPEG?

## Ein Seminarvortrag mit Ausarbeitung und Folien

GRIN Verlag

**Bibliografische Information der Deutschen Nationalbibliothek:**

Die Deutsche Bibliothek verzeichnet diese Publikation in der Deutschen National-
bibliografie; detaillierte bibliografische Daten sind im Internet über http://dnb.d-
nb.de/ abrufbar.

**Impressum:**

Copyright © 2005 GRIN Verlag GmbH
Druck und Bindung: Books on Demand GmbH, Norderstedt Germany
ISBN: 978-3-640-91457-9

**Dieses Buch bei GRIN:**

http://www.grin.com/de/e-book/170911/wie-funktioniert-eigentlich-jpeg

**GRIN - Your knowledge has value**

Der GRIN Verlag publiziert seit 1998 wissenschaftliche Arbeiten von Studenten, Hochschullehrern und anderen Akademikern als eBook und gedrucktes Buch. Die Verlagswebsite www.grin.com ist die ideale Plattform zur Veröffentlichung von Hausarbeiten, Abschlussarbeiten, wissenschaftlichen Aufsätzen, Dissertationen und Fachbüchern.

**Besuchen Sie uns im Internet:**

http://www.grin.com/

http://www.facebook.com/grincom

http://www.twitter.com/grin_com

# Seminar:

# Datenkompression

# SoSe 2005

# Thema:

# JPEG

# Florian Kniedler

# Inhaltsverzeichnis / Überblick

# 1. Einführung

Die Situation ist folgende:
Man möchte viele Dinge graphisch darstellen (z.b. wenn im Internet etwas geladen wird, möchte man dies dem Benutzer durch eine „kleine" Graphik zeigen). Das Problem dabei ist aber die Größe solch einer Graphik, auch wenn es nur eine „kleine" sein soll, wird dafür viel Speicherplatz benötigt.

**Bsp.**: Ein Bild wird oft mittels 24-Bit-Pixeln erzeugt (je 8 für rot, grün und blau). Dadurch werden für ein Bild mit 512x512 Pixeln bereits 786.432 Bytes benötigt, und für eines mit 1024x1024 Pixeln 3.145.728 Bytes.

Nun ist es aber so, dass das menschliche Auge nicht jeden Unterschied sieht, also ist es in Ordnung, wenn Informationen verloren gehen, die das menschliche Auge nicht verarbeiten kann oder verarbeitet. Das ist die Hauptidee von JPEG.

## 1.1 Warum JPEG ?

Bisher haben wir drei mögliche Kodierungsarten gesehen:
- RLE (Lauflängenkodierung; Run - Length Encoding)
- Statistische Methoden (z.b. Huffmann)
- Wörterbuch-Methoden

Alle diese Methoden sind alleine für sich genommen nicht besonders gut geeignet Bilder (besonders farbige) zu komprimieren.
RLE wird zwar innerhalb von JPEG genutzt und könnte auch alleine genutzt werden, aber wie man später noch sieht, erhält man mithilfe von JPEG sehr viel bessere Ergebnisse.

Statistische Methoden funktionieren sehr gut, wenn die Wahrscheinlichkeitsverteilung für die auftretenden Symbole möglichst weit weg von der Gleichverteilung ist, bei der Gleichverteilung hat man keine spürbare Datenkompression. Es stellt sich aber heraus, dass z.B. in einem Graustufenbild eine Art Gleichverteilung vorhanden ist. Falls aber benachbarte Pixel verschiedene Farben haben, macht eine statistische Methode Sinn, und komprimiert eventuell sogar besser.

Wörterbuch-Methoden haben ebenfalls Probleme mit Bildern, in denen sich die Farben kaum unterscheiden.

Nun gibt es weiterentwickelte Methoden, die diese Probleme nicht mehr haben, wie z.B. JPEG oder auch Wavelets, und die aus diesem Grunde entwickelt wurden.

JPEG ist eine Entwicklung von CCITT (Comité Consultatif Internationale Télégrafique et Téléfonique) und ISO (the International Standards Organization). 1987 wurde das Projekt gestartet und 1991 wurde der erste Entwurf vorgeschlagen. Nachdem dieser der Überprüfung standgehalten hat, hat sich JPEG zu einer sehr verbreiteten Kompressionsmethode entwickelt, besonders auf Internetseiten.

# 1.2 Was ist JPEG?

JPEG (Joint Photographic Experts Group) ist eine verlustreiche Kompressionsmethode für farbige Bilder oder für Graustufenbilder. Bei schwarz-weiß Bildern hingegen, arbeitet JPEG nicht besonders gut. Besonders geeignet ist JPEG bei Bildern, mit sanften Farbübergängen, also wo benachbarte Pixel annähernd die gleichen Farben haben.
JPEG benutzt viele Parameter, womit der Benutzer freie Hand hat, wo und wie Daten komprimiert werden. Es ist oft so, dass das menschliche Auge den Unterschied zwischen verschiedenen Kompressionsstufen (z.b. 1:10 und 1:20) nicht unterscheiden kann.
JPEG bietet hauptsächlich zwei Möglichkeiten:
1. verlustreich (auch Basismethode)
2. verlustfrei (2:1 Datenkompression)
Hauptsächlich wird Methode 1) verwendet, welche progressive und hierarchische Codierung beinhaltet.
Zusammenfassend gesagt, JPEG ist kein Standard für Bildpräsentationen, sondern „nur" eine Kompressionsmethode und wurde speziell für „continuous-tone" Bilder entwickelt.

# 1.3 Vorteile

*   Wie bereits eben erwähnt, werden viele Parameter genutzt, was dem Nutzer die Möglichkeit bietet, den Datenverlust gezielt zu steuern. Er kann regelgerecht experimentieren und die „ideale" Varianten auf das Bild anwenden.
*   Hohe Kompressionsraten, besonders dann, wenn die Bilder in einer sehr hohen bzw. exzellenten Qualität sind.
*   Gute Resultate bei jeder Art von Bildern mit sanften Farbübergängen (siehe auch 1.2), wobei dann die anderen Bildparameter, wie z.B. die Bildgröße, keine Rolle mehr spielen.
*   JPEG ist eine differenzierte, aber nicht zu komplexe Methode, so dass es an sehr vielen Stellen eingesetzt werden kann und auch wird.
*   Es gibt mehrere Verfahren
    o   Sequentielle Variante: Hier wird das Bild der Reihe nach von rechts nach links und oben nach unten komprimiert
    o   Progressive Variante: Das Bild wird in mehreren Blöcke komprimiert, zuerst im Groben und danach immer detaillierter.
    o   Verlustfreie Variante: Dies ist eine sehr wichtige Variante, wenn man als Benutzer zwar eine Komprimierung haben möchte aber nichts verloren gehen darf (hat natürlich eine sehr geringe Kompressionsrate)
    o   Hierarchische Variante: Das Bild wird in mehreren Auflösungen komprimiert und später kann das Bild mit geringerer Auflösung dekomprimiert werden, ohne die Bilder mit höherer Auflösung zu betrachten.

# 2. Übersicht

## 2.1 Die Komprimierungsstufen

JPEG ist unterteilt in 6 Stufen der Komprimierung. Ich werde nun hier eine kurze Übersicht darüber geben und einige später im Detail erklären.

1. Die Überführung von RGB in einen Farbraum, der von der „Leuchtdichte/Farbinformation" (Luminace/Chrominance) abhängt (siehe auch 3.1):
Das menschliche Auge kann kleine Veränderungen in der Leuchtdichte bemerken, aber ihm fallen diese Veränderungen in der Farbart nicht auf. Deshalb kann man dort mehr Datenverlust in Kauf nehmen, ohne dass dies für das menschliche Auge sichtbar wird. Dieser Schritt ist wichtig, da jede Farbkomponente einzeln bearbeitet wird (im restlichen Algorithmus), kann aber auch weggelassen werden (z.B. beim Graustufenbild, wo es weggelassen wird).
Ohne diese Überführung würde keine der drei Farbkomponenten viel Verlust zulassen.

2. Bildzerlegungsprozess (Downsampling) (nur bei der hierarchischen Variante, nicht bei Graustufenbildern):
Unter dem Schritt 1. wurde das Bild in 3 Komponenten zerlegt: Leuchtdichte (Y), Blaukomponente (B-Y) und Rotkomponente (R-Y). Nun gibt es zwei Arten die Bildgröße zu verkleinern, indem man die Auflösung der verschiedenen Komponenten verändert, wobei die Y-Komponente unberührt bleibt.
    - 4:1:1: Also wird die Auflösung von B-Y und R-Y geviertelt und somit bleibt noch die halbe Bildgröße $(1/3 + (2/3)*1/4 = \frac{1}{2})$
    - 4:2:2: Die Auflösung von B-Y und R-Y wird halbiert, also entsteht eine Bildgröße von 2/3 des Originals $(1/3 + (2/3)*(1/2) = 2/3 )$
Da die Leuchtdichte nicht verändert wird, entsteht auch kein Verlust bei der Bildqualität.

    **BSP.:** Es können also RGB-Pixel, die bei 24Bit Farbtiefe 8+8+8Bit benötigen auf 8(Y)+2(B-Y)+2(R-Y)=12Bit reduziert werden. Oder mit der anderen Methode auf 8(Y)+4(B-Y)+4(R-Y)=16Bit reduziert werden.

3. Diskrete Kosinus Transformation (DCT) (siehe auch 3.2):

    Das gesamte Bild wird in so genannte „Data units" unterteilt. Dies sind Quadrate mit 8x8 Pixeln. Falls es nicht komplett aufgehen sollte, werden einfach die unterste Zeile und die rechte Spalte so oft wiederholt, bis man das gesamte Bild in diese 8x8 Blöcke einteilen kann.
    Nun wird die DCT auf jedes einzelne Data Unit angewandt und man erhält eine 8x8 Karte mit Frequenz-Komponenten (also 64 Komponenten) in jedem Unit. Wie dies genau funktioniert wird in Kapitel 3.2 vorgestellt.
    Damit ist die Bilddatei vorbereitet auf den ausschlaggebenden Schritt, wo auch am meisten Information verloren gehen kann und geht.

**Bem:** Bei der DCT geht auch ein kleiner Teil an Information verloren, selbst wenn die „Verlustfreie Variante" gewählt wird. Dies hängt mit den Rechenfehlern bei der Transformation (also der Ungenauigkeit der Kosinus-Berechnung) zusammen.

4. Quantisierung (siehe auch 3.3)

Dies ist der Schritt bei dem die meiste Information verloren geht. In jedem Data Unit wird jeder der 64 Komponenten der so genannte Quantisierungskoeffizient (QC) zugewiesen. Und dabei wird jeweils auf ein „Integer" (also auf eine Zahl zwischen 0 und 255) gerundet, wodurch der Hauptverlust entsteht, wobei hohe QC mehr Verlust verursachen (mehr dazu 3.3).
Jeder der 64 QC ist ein JPEG-Parameter und kann somit theoretisch vom Benutzer frei verändert werden, wobei aber meistens die Tabelle von „JPEG Standard" benutzt wird.

5. Kodierung

Zu diesem Teil soll nur erwähnt werden, dass die Kodierung mittels einer Kombination von RLE und Huffmann erfolgt.

6. Ausgabe

Dies ist der letzte Schritt der Kompression. Als erstes werden Dateiköpfe hinzugefügt, und danach wird mittels aller JPEG-Parameter die Ausgabe erzeugt.
Es gibt ein paar Spezialfälle, wo z.B. immer die gleichen Parameter benutzt werden. Dort müssen die Parameter natürlich nicht übertragen werden, womit ein paar hundert Bytes gespart werden.

7. Dekoder

Hierzu möchte ich nichts Näheres sagen, nur soviel, dass der Dekoder vom Prinzip her die gleichen Schritte des Kodierers ausführt, nur die Reihenfolge der Schritte ist umgekehrt.

# 2.2 2 verschiedene Varianten

## 2.2.1 Progressive Variante

Die Hauptidee der progressiven Variante ist es, das Bild so zu komprimieren und zu verschlüsseln, dass man es später in verschiedenen Varianten dekomprimieren kann. Es wird in so genannten „Scans" komprimiert, die jeweils eine schärfere und bessere Bildqualität garantieren. So kann man z.B. sehr schnell eine Vorschau des Bildes (in einer schlechteren Qualität) sehen, oder man kann selbstständig sagen, die erreichte Qualität genügt und man bricht den Ladevorgang ab, hat aber sein Bild.
Der große Nachteil ist, dass für jeden Scan, das komplette Bild durchlaufen werden muss, und wenn man wirklich die beste Qualität haben möchte, ist diese Variante sehr langsam.

## 2.2.2  Hierarchische Variante

Bei dieser Variante wird das Bild in mehreren Varianten gespeichert. Der Unterschied zu 2.2.1 liegt aber darin, dass diese Varianten unabhängig voneinander sein können. Wenn man z.b. die beste Qualität haben möchte, kann man  diese direkt laden, ohne die vorhergehenden zu betrachten und zu laden. Allerdings werden teilweise Informationen der „schlechteren" Versionen genutzt und somit wird nicht soviel Speicherplatz benötigt, als wenn man alle Versionen voneinander getrennt bearbeiten würde.

Es kann auch durchaus sein, dass diese Variante teilweise die unter 2.2.1 vorgestellte Variante benutzt.

Diese Variante ist vor allem dann sinnvoll, wenn man eigentlich die bessere Qualität des Bildes braucht, aber auch in der Lage sein muss, eine „schlechtere" Version ausgeben zu können.

# 3. Die wichtigen Stufen
# der Komprimierung im Detail

# 3.1  Die Transformation des Farbraumes

1931 hat das International Committee on Illumination (CIE) das so genannte „chromaticity diagram" verfasst. Es beweist, dass nur drei Parameter Farbe definieren können. Eine bestimmte Farbe kann also mittels eines Tripels (x,y,z) beschrieben werden, womit ein dreidimensionaler Raum, der so genannte Farbraum, beschrieben wird.  Normalerweise wird der Raum in RGB beschrieben, also in der Intensität der Parameter rot, grün und blau, welche wiederum zwischen 0 und 255 liegen (8 Bits).

Das CIE definiert Helligkeit als Merkmal der visuellen Empfindung, bezogen auf ein Gebiet, welches mehr oder weniger Licht absondert.

Die Empfindung die das menschliche Gehirn dabei hat, ist nicht zu definieren, weshalb das CIE die „Leuchtdichte" („luminance"), als praktisches Maß, hierfür definierte.

Sie wurde definiert als physikalische Kraft, gewichtet mit einer Funktion (abhängig vom Spektrum des Lichts). Diese Funktion wird von der CIE als positive Funktion von Wellenlängen mit einem Maximum bei 555 nm definiert (Spektrum des Lichts zwischen 400 nm und 700 nm), und mithilfe dieser Gewichtsfunktion ist die Leuchtdichte definiert und wird mit Y bezeichnet.

Das menschliche Auge ist sehr empfindlich, wenn es um kleine Änderungen der Leuchtdichte geht und deshalb ist es sinnvoll, diesen Parameter als einen Parameter des Farbraumes zu definieren. Die einfachste Möglichkeit ist Y von blau und rot zu subtrahieren und somit den Farbraum mittels (Y,B-Y,R-Y) zu definieren. B-Y und R-Y werden als Farbart bezeichnet.

Es gibt nun verschiedene Möglichkeiten die Farbarten zu identifizieren, bei JPEG macht man es mittels YCbCr.

Dabei ist Y aus dem Intervall [16,235] und Cb und Cr sind aus dem Intervall [16,240] (wobei gleichzeitig eine Werteverschiebung ins Intervall [-128,127] durchgeführt wird und 128 von vorher nun der 0 entspricht).
Die Umrechnung zwischen RGB (Werte zwischen 16 und 235) und YcbCr geht wie folgt:

$$Y = \frac{77}{256}R + \frac{150}{256}G + \frac{29}{256}B$$

$$Cb = -\frac{44}{256}R - \frac{87}{256}G + \frac{131}{256}B + 128$$

$$Cr = \frac{131}{256}R - \frac{110}{256}G - \frac{21}{256}B + 128$$

R = Y + 1.371(Cr-128)
G = Y – 0.698(Cr-128) – 0.336(Cb-128)
B = Y + 1.732(Cb-128)

Dabei erreicht RGB normalerweise Werte zwischen 16 und 235 wobei Werte zwischen 0 und 15 sowie 236 und 255 ebenfalls möglich sind.
Nun wird noch der in Kapitel 2 angedeutet Schritt der Verkleinerung gemacht. Für je vier Werte von Y werden nur noch ein (4:1:1) oder zwei (4:2:2) Werte bei Cb oder Cr gespeichert (dieser entspricht jeweils den Mittelwerten).

# 3.2 DCT (Diskrete Kosinus Transformation)

## 3.2.1 Der 1-dimensionale Fall

Die diskrete Kosinus Transformation ist eine Variante der diskreten Fourier Transformation, wobei ein großer Unterschied darin zu sehen ist, dass die Fourier Transformation (DFT) komplexe Werte liefert, während die Kosinus Transformation (DCT) reelle Werte ausgibt.
Es bleibt die Frage, warum DCT anstatt DFT benutzt wird und wieso DCT gerade bei der Bildkompression besser geeignet ist. Um dies zu verstehen, muss man sich erst einmal die beiden Transformationen genauer anschauen und verstehen. Dies geht am einfachsten, wenn man sich zuerst einmal auf den eindimensionalen Fall beschränkt.
Einmal angenommen, man hat 8 Punkte $p_t$ vorgegeben (in unserem Fall z.B. 8 Pixel Werte), dann sieht die DFT folgendermaßen aus:

$$G_f = \sum_{t=0}^{7} p_t \cos\left(\frac{2\pi ft}{8}\right) - i\sum_{t=0}^{7} p_t \sin\left(\frac{2\pi ft}{8}\right) \quad \text{für} \quad f=0,1,\ldots,7$$

DCT dagegen sieht sehr ähnlich aus, wobei der komplexe Teil wegfällt:

$$G_f = \frac{1}{2} C_f \sum_{t=0}^{7} p_t \cos\left(\frac{2\pi f(t+1)}{16}\right) \qquad \text{für} \qquad f=0,1,\ldots,7$$

$$\text{mit } C_f = \begin{cases} \frac{1}{\sqrt{2}}, f = 0 \\ 1, f > 0 \end{cases} \qquad \text{für} \quad f=0,1,\ldots,7$$

Damit zeigen die 8 Werte $G_f$ welche sinus- (bzw. kosinus-) förmigen Funktionen kombiniert werden müssen, um die original Funktion zu approximieren. Damit beschreibt $G_f$ immer nur kosinusförmige Funktionen mit einer Periode von $\frac{f\pi}{16}$ (d.h Frequenz von $\frac{f}{16}$ und je größer f wird, desto größer wird auch die Frequenz). $G_0$ wird auch als „DC Koeffizient" bezeichnet, da er eine Art Mittelwert der einzelnen Punkte bildet.
Die inverse DCT sieht folgendermaßen aus:

$$P_t = \frac{1}{2} \sum_{j=0}^{7} C_j G_j \cos\left(\frac{2\pi j(t+1)}{16}\right) \qquad \text{für} \qquad f=0,1,\ldots,7$$

Insgesamt beschränken wir uns auf den Fall von 8 vorgegebenen Punkten, da bei JPEG genau dieser Fall auftritt, im allgemeineren Fall sieht die Transformation etwas anders aus:

$$G_f = \frac{\sqrt{2}}{\sqrt{N}} C_f \sum_{t=0}^{N-1} p_t \cos\left(\frac{2\pi f(t+1)}{2N}\right) \quad \text{mit N der Anzahl der Punkte.}$$

**BSP:**
Es sind die 8 Punkte 11,22,33,44,55,66,77 und 88 gegeben. DCT ergibt folgende Koeffizienten:
140,-71,0,-7,0,-2,0,0
IDCT ergibt (unter Vernachlässigung der letzten beiden von 0 versch. Werten, dies wird wegen der QC gemacht, wie man später sieht): 15,20,30,43,56,69,79,84
Die Ergebnisse stimmen zwar nicht exakt überein, aber annähernd (max. Abweichung 4)

Insgesamt gibt es drei Hauptunterschiede zwischen DFT und DCT:
Wie bereits erwähnt erzeugt DFT komplexe Werte, während DCT reelle Werte erzeugt
DFT setzt, im Gegensatz zu DCT, voraus, dass die Funktion, die von den 8 Punkten beschrieben wird periodisch ist.
DCT ist mehr rechenbetont, da es mehr arithmetische Operationen beinhaltet.

DCT wurde insbesondere wegen Punkt 2 bevorzugt. Punkt 1 spielt keine so große Rolle, da man ja auch einfach nur den Realteil von DFT hätte betrachten können. Das Experimentieren mit verschiedenen Bildern und deren Pixeln hat gezeigt, dass diese nicht auf periodische Funktionen gebracht werden können, womit DFT ausscheidet.

**BSP.:**
Geg.: 8 Punkte auf einer streng monoton steigenden Geraden
DFT erweitert dies automatisch zu einer „Treppenfunktion"
Rücktransformation ergibt eine „Sinuskurve"
DCT würde dies richtig Rücktransformieren

## 3.2.2 Der 2-dimensinale Fall

Im allgemeinen Fall hat man nun n x n Pixel $p_{xy}$ und die allgemeine Formel der DCT:

$$G_{ij} = \frac{1}{\sqrt{2n}} C_i C_j \sum_{x=0}^{n-1} \sum_{y=0}^{n-1} p_{xy} \cos(\frac{(2x+1)i\pi}{2n}) \cos(\frac{(2y+1)j\pi}{2n}) \quad i,j=0,\ldots,n\text{-}1$$

Die Pixel kann man nun also als Elemente im dreidimensionalen Raum auffassen, mit den Koordinaten x, y, z , wobei das z für den Wert der Farbkomponente steht.
Bei JPEG spielt der Fall n=8 eine entscheidende Rolle, da das gesamte Bild in 8x8 units aufgeteilt wird. Also hat man nun insgesamt 64 Punkte auf einer Art Oberfläche (siehe Bild im Anhang), und man erhält durch die Transformation eine 8x8 Matrix G mit „Raumfrequenzen" als Einträgen.
Außerdem kann man sagen, je „glatter" die Oberfläche, desto mehr $G_{ij}$ sind gleich 0. Mit glatter ist hier gemeint, je näher eine 2-dimensionale Ebene erreicht wird. Im Bild im Anhang ist z.B. die 2. Oberfläche glatter, als die erste, und somit sind dort mehr Einträge gleich 0.
Die Matrix G ist nun noch so eingeteilt, dass die Werte oben links die niederfrequenten Beiträge charakterisieren und je weiter man nach unten rechts kommt, desto höherfrequenter werden die Beiträge. Aus diesem Grunde nennt man die DCT auch „harmonischer Analysator" und die Inverse IDCT auch „harmonischer Generator".
Weiter ist zu sagen, dass der Eintrag $G_{00}$ „DC Koeffizient" genannt wird und die anderen Einträge „AC-Koeffizienten", und wenn nun eine langsame Variation zwischen den einzelnen Punkten vorhanden ist, kann man daraus schließen, dass die Oberfläche recht glatt wird und der DC Koeffizient gegenüber den AC Koeffizienten recht groß ist und diese in Richtung unten rechts immer kleiner werden.
Hieraus kann man erkennen, dass die DCT eine Kompression möglich macht, die sich nur auf die niederfrequenten Bereiche konzentriert und die anderen Bereiche vernachlässigt. Dadurch kann man die Anzahl der 64 Punkte reduzieren, wobei nur „unwichtige" Informationen verloren gehen, und somit der Qualitätsverlust in Grenzen gehalten wird. In der Praxis ist dies nicht immer auf Anhieb direkt möglich, deshalb hat man die QC (Quantisierungs Koeffizienten) eingeführt, welche auf jeden einzelnen Punkt angewandt werden (siehe nächstes Kapitel).
Jetzt bleibt noch zu klären, warum man gerade die bereits erwähnte Beschränkung auf n=8 vornimmt. Dies hat zum einen den Grund, dass weniger Rechenoperationen benötigt werden, womit zwar geringere Kompressionsraten erreicht werden, die Kompression aber schneller abläuft.
Außerdem haben versuche in der Praxis gezeigt, dass Nachbarpunkte sehr ähnlich sind, und deshalb auch einige Punkte vernachlässigt werden können, aber Punkte die weiter entfernt sind nichts miteinander zu tun haben. Also musste ein Kompromiss zwischen guten Kompressionsraten, schneller Verarbeitung und den guten Ergebnis gefunden werden, und man ist auf n=8 gekommen.
Damit sieht die bereits erwähnte Formel natürlich auch ein wenig einfacher aus:

$$G_{ij} = \frac{1}{4} C_i C_j \sum_{x=0}^{7} \sum_{y=0}^{7} p_{xy} \cos(\frac{(2x+1)i\pi}{16}) \cos(\frac{(2y+1)j\pi}{16}) \quad i,j=0,\ldots,7$$

$$\text{mit } C_f = \begin{cases} \dfrac{1}{\sqrt{2}}, f = 0 \\ 1, f > 0 \end{cases} \quad \text{für } f=0,1,\ldots,7$$

Somit entsprechen also die 64 Pixel Vektoren, die maximal 8-dim. sein können, und die DCT entspricht einer Rotation im 8-dim.Raum, die eine Reduzierung auf einen geringer dimensionalen Raum zum Ziel hat (viele Koordinaten werden gleich 0 oder zumindest fast gleich 0)

Die IDCT sieht nun also folgendermaßen aus:

$$P_{xy} = \frac{1}{4} \sum_{i=0}^{7} \sum_{j=0}^{7} C_i C_j G_{ij} \cos(\frac{(2x+1)i\pi}{16}) \cos(\frac{(2y+1)j\pi}{16})$$

$$\text{mit } C_f = \left\{ \begin{array}{l} \frac{1}{\sqrt{2}}, f = 0 \\ 1, f > 0 \end{array} \right\}$$

Falls man nun die QC geeignet wählen kann entsprechen die Punkte vor der Transformation fast den Punkten nach der Rücktransformation, und falls die DCT und die IDCT wirklich exakt (also ohne runden usw.) berechnet werden können, bekommt man sogar die genauen Werte, wenn man die QC weglässt bzw. =1 setzt (warum man die QC =1 setzt sieht man im nächsten Kapitel). Somit entspricht die DCT mathematisch gesehen einem Kartenwechsel von der „Bild-Karte" in die „Frequenz-Karte".

# 3.2.3 DCT in der Praxis

Die DCT ist sozusagen das „Herz" von JPEG, deshalb ist es natürlich das Ziel, diese Transformation so schnell wie möglich zu berechnen, ohne ungenau zu werden. Im Abschnitt vorher hat man gesehen, wie die Transformation aufgebaut ist, und was berechnet werden muss. Außerdem habe ich bereits erwähnt, dass man sich aus verschiednen Gründen für die 8x8 Blöcke entschieden hat, also muss man sich nur noch darum kümmern, die vorhandene Formel möglichst effizient auszuwerten.
Dazu schaut man sich zunächst einmal folgenden Teil der DCT an:

$$\sum_{x=0}^{7} \sum_{y=0}^{7} p_{xy} \cos(\frac{(2x+1)i\pi}{16}) \cos(\frac{(2y+1)j\pi}{16})$$

Dieser Teil benötigt insgesamt 2*64 Multiplikationen und 63 Additionen. Die cos-Funktionen braucht man allerdings nur einmal ganz am Anfang berechnen und kann die Werte dann speichern, was schon einmal eine kleine Ersparnis bringt. Die Doppelsumme kann geschrieben werden als: $CPC^T$
Mit P = Matrix der Punkte und C mittels

$$C_{ij} = \left\{ \begin{array}{l} \frac{1}{\sqrt{8}}; i = 0 \\ \frac{1}{2}\cos(\frac{(2j+1)i\pi}{16}); i > 0 \end{array} \right\}$$

1 Element von CP benötigt nun 8+8 (vereinfacht, eigentlich 8+7) Multiplikationen und genauso viele Additionen. Also benötigt CP insgesamt $64*8^2 = 8^3$ Operationen (jeweils Additionen und Multiplikationen) und daher benötigt $(CP)C^T$ $2*8^3$ Operationen.
Wenn man nun annimmt das Bild besteht insgesamt aus n x n Pixeln und n lässt sich schreiben als 8q, dann werden insgesamt $2q^2 8^3$ Operationen benötigt. Im Gegensatz dazu würde man $2n^3 = 2q^3 8^3 = (2q^2 8^3)q$ Operationen benötigen, wenn man die Unterteilung in die data units nicht machen würde. Also bringt diese Unterteilung einen Faktor q als Ersparnis. Dieser Faktor spielte auch eine wichtige Rolle bei der Festlegung auf n=8. Eine weitere Vergrößerung dieses Faktors, hätte eine Verkleinerung der units zur Folge, wobei eine weitere Verkleinerung zwar Operationen

gespart hätte, aber die Kompressionsrate wäre zu gering geworden.

Da ja nun jede einzelnen Komponente des Farbraumes transformiert wird, werden insgesamt $3*2q^28^3=3072q^2$ Operationen (jeweils Add. und Multi.) benötigt.

**BSP.:** Ein 512x512 Bild würde also insgesamt 12.582.912 Multiplikationen und die gleiche Anzahl Additionen benötigen.

Eine weitere Verbesserung würde z.B. die Beschränkung auf bestimmte Punkte (z.B. nur mit ganzzahligen Werten) bringen.

# 3.3 Quantisierung

Die Quantisierung ist der verlustreichste Schritt der Kompression und wird daher bei der verlustfreien Methode weggelassen. Jeder Koeffizient der Matrix G (von der DCT) wird durch seinen QC dividiert (deshalb setzt man diesen auch gleich 1, wenn man die exakten Ergebnisse berechnen kann und wieder zu den Ausgangswerten zurück kommen möchte), und anschließend auf die nächste ganze Zahl gerundet.

Durch die einzelne Transformation jeder Farbkomponente, werden natürlich auch drei Tabellen bei jeder Kompression benötigt. All die Einträge dieser Tabellen sind JPEG-Parameter und können prinzipiell vom Benutzer (wenn er die Lust und vor allem die Zeit zum Experimentieren hat) frei gewählt werden. In der Praxis werden zwei Arten von Tabellen genutzt, einmal die vordefinierten Tabellen und zum zweiten Tabellen, die mittels einer Formel erstellt werden, bei der der Benutzer einen Parameter frei eingibt.

Die klassische vordefinierte Tabelle für die Leuchtdichte ist die JPEG Standard-Tabelle 4.10 (siehe Anhang). Diese wurde in langen Experimenten vom JPEG commité optimiert und erstellt. Anhand dieser Tabelle sieht man deutlich den Verlauf der Werte, die von oben links nach unten rechts immer weiter abnehmen, womit das Ziel von JPEG erreicht wird, die hochfrequenten Anteile zu minimieren.

Die andere Art von Tabellen wird z.B. durch die folgende Formel erstellt: $Q_{ij} = 1+(i+j)R$, wobei der Benutzer hier das R frei wählen kann. Diese Formel garantiert ebenfalls den Verlauf der Werte in der Tabelle.

Die komplette Ausarbeitung und der komplette Vortrag beruhen auf dem Buch:

Salomon, D., Data Compression, Springer, 1998

und dort insbesondere auf §4.1, 4.2 bis einschl. 4.2.5

Es handelt sich hierbei um eine Ausarbeitung eines Seminarvortrags, der in etwa 45 Minuten gedauert hat und mit „sehr gut" bewertet wurde.

Im folgenden sind noch die von mir benutzten Folien aufgelistet:

# Überblick

- Einführung
  - ○ Warum JPEG
  - ○ Was ist JPEG
  - ○ Vorteile
- Übersicht
  - ○ Die Komprimierungsstufen
  - ○ 2 verschiedene Versionen
- Einige Stufen detailliert dargestellt
  - ○ Leuchtdichte (Luminance)
  - ○ DCT (discrete cosine transform)
    - ▪ 1-dimensional
    - ▪ 2-dimensional
  - ○ DCT in der Praxis
  - ○ Quantisierung

# Einführung

**Situation:** Wunsch nach graphischer Darstellung

**Problem:** Größe solch einer Graphik

**Beispiel:**
- Bild wird erzeugt mittels 24-Bit-Pixeln
- Je 8 für rot, grün und blau
  - Bildgröße 512x512 Pixel
  - → 786.432 Bytes Speicherplatzbedarf
  - Bildgröße 1024x1024 Pixel
  - → 3.145.728 Bytes

**IDEE:**

Menschliches Auge sieht nicht jeden Unterschied
→ Informationen, die das menschliche Auge
nicht verarbeitet, können verloren gehen

# Warum JPEG?

Bisherige Kodierungsarten:
- RLE (Lauflängenkodierung; Run - Length Encoding)
- Statistische Methoden (z.B. Huffmann)
- Wörterbuch-Methoden

Alleine nicht geeignet zur Bildkompression

RLE wird innerhalb JPEG genutzt

Bilder haben oft eine Art Gleichverteilung (z.B. Graustufenbild, benachbarte Pixel sind fast identisch in den Farben)
→ Statistische Methoden sinnlos

Bilder mit starken Farbunterschieden
→ Statistische Methoden könnten evtl. besser komprimieren

Wörterbuchmethoden haben ebenfalls große Probleme mit solchen Bildern

→ Entwicklung von „neuen" Methoden,
z.B. JPEG oder Wavelets

- JPEG ist Entwicklung von CCITT (Commité
  Consultatif Internationale Télégrafique et
  Téléfonique) und ISO (the International
  Standards Organization)
- Start des Projektes 1987
- Erstes Ergebnis 1991
- Ergebnis hielt Überprüfung stand

→ JPEG entwickelte sich zu einer sehr stark
verbreiteter Kompressionsmethode

Einsatz besonders bei Graphiken (besonders bei
Bildern) im Internet

# Was ist JPEG?

- Verlustreiche Kompressionsmethode
  - Geeignet für Graustufenbilder und Farbbilder mit „sanften" Übergängen
  - Ungeeignet für schwarz-weiß Bilder
- Bietet viele Parameter → freie Hand für Benutzer
- Hauptsächlich zwei Methoden
  - Verlustreich (z.B. hierarchische + progressive Variante)
  - Verlustfrei (z.B. 2:1 Kompression)
- „nur" Kompressionsmethode, keine Präsentationsmethode
  → spezifiziert keine Bildelemente, wie Farbraum usw.
- wurde speziell für „continuous-tone" Bilder entwickelt

# Vorteile

- Viele Parameter
- Hohe Kompressionsraten
- Gute Resultate bei „sanften" Farbübergängen
- Differenzierte, aber nicht zu komplexe Methode
- Mehrere Varianten
  - Sequentielle Variante (in einem von links oben nach rechts unten)
  - Progressive Variante (mehrmals, erst grob dann detailreicher)
  - Hierarchische Variante (Komprimierung in mehreren Auflösungen)
  - Verlustfreie Variante (geringe Kompressionsrate)

# Übersicht der
## Komprimierungsstufen

## Überführung des Farbraumes

- Ziel: Überführung aus den RGB Farbraum,
  in den Farbraum abhängig von
  Leuchtdichte/Farbinformation (Luminance /
  Chrominance)
- Leuchtdichte: kl. Veränderungen fallen auf
- Farbart: kl. Veränderungen fallen nicht auf
→ hier kann Datenverlust in Kauf genommen
werden
- Wichtiger Schritt für die spätere Dateigröße
  (später wird jede Farbkomponente einzeln
  bearbeitet)
- Ohne diesen Schritt kein großer Verlust bei
  den Komponenten möglich
- Wird teilweise weggelassen, z.B. beim
  Graustufenbild

# Bildzerlegungsprozess

- 2.1.1 Zerlegt Bild in Leuchtdichte (Y), Blaukomponente (B-Y) und Rotkomponente (R-Y)
- Bildgröße wird verkleinert, indem Auflösung von B-Y, R-Y verändert wird
  - 4:1:1 (B-Y, R-Y geviertelt)
  → Bildgröße ist $1/3 + 2/3*1/4 = ½$ des Originals
  - 2:1:1 → $1/3 + 2/3*1/2 = 2/3$
- keine Veränderung der Leuchtdichte
→ kein nennenswerter Qualitätsverlust

**Bsp.:**

RGB-Pixel mit 24Bit Farbtiefe (8+8+8Bit) können auf
- 8(Y)+2(B-Y)+2(R-Y) = 12Bit oder
- 8(Y)+4(B-Y)+4(R-Y) = 16Bit
reduziert werden.

# DCT

- Einteilung in Data units :
  8x8 Pixel Quadrate (notfalls Ausweitung)
- DCT wird auf jedes Data unit angewandt
→ 8x8 Karte mit Frequenzkomponenten

→ Bilddatei ist vorbereitet auf
ausschlaggebenden Schritt

- Durch die Kosinus-Fkt. geht ebenfalls ein
  kleiner Teil an Information verloren
  (einziger Informationsverlust bei
  verlustfreier Variante)

# Quantisierung

- Schritt mit entscheidendem Informationsverlust
- Quantisierungskoeffizient (QC) für jede der 64 Komponenten in jeden unit
→ Hauptverlustpunkt (da Nachher auf eine ganze Zahl gerundet wird)
- Höhere QC verursachen mehr Verlust
- Jede der 64 QC Komponenten ist ein JPEG Parameter (kann vom Benutzer geändert werden)
- JPEG Standard Tabelle wird hauptsächlich genutzt

# Kodierung

- Erfolgt mittels Kombination von Huffmann und RLE
- Jeder der 64 Koeff. in jeder unit wird einzeln kodiert

# Output

- Fügt Dateiköpfe hinzu
- Mittels aller JPEG Parameter erfolgt Ausgabe des Ergebnisses
- Nur in Spezialfällen (z.B. immer gleiche Parameter) werden Parameter nicht übertragen
- → spart ein paar hundert Bytes

Der Decoder macht die genannten Schritte (2.1.1 – 2.1.6) vom Prinzip her Rückwärts

# 2 verschiedene Varianten

# Progressive Variante

- Hauptidee: So komprimieren, dass in versch. Detailstufen dekomprimiert werden kann
→ Komprimierung in „Scans" von aufsteigender Qualität
- Vorteile
  - o Bild wird in immer besserer Qualität geladen, Benutzer kann abbrechen wenn gewünscht
  - o Vorschauen können angezeigt werden
- Nachteil
  - o Für beste Qualität sehr lange Ladezeiten

# Hierarchische Variante

- Bild wird in mehreren „Qualitäten" gespeichert
- Können unabh. voneinander geladen werden
- Qualitätsstufen benutzen teilweise gemeinsame Informationen
→ weniger Speicherplatz wird benötigt
- Kann teilweise auch progressive Variante enthalten
- Findet Anwendung z.B. wenn hohe Qualität benötigt wird, aber auch eine geringe zur Ausgabe kommen soll

# Die wichtigen Stufen der Komprimierung im Detail

# Die Transformation des Farbraumes

- 1931 verfasst International Committee on Illumination (CIE) "chromaticity diagramm"
- → 3 Parameter definieren Farbe
- Tripel (x,y,z) def. Farbraum
- Meistens RGB (rot, grün, blau jeweils zwischen 0 und 255)
- CIE def. Helligkeit:
- Merkmal visueller Empfindung (bzgl. Eines Gebietes), welches mehr oder weniger Licht absondert

- Empfindung des menschl. Gehirns undefinierbar
→ Def. Leuchtdichte als praktisches Maß: physikalische Kraft, gewichtet mit einer Fkt. (abhängig vom Spektrum; 400-700 nm Wellenlänge)
Fkt. ist i.d.R. positive Fkt. mit max. Wellenlänge 555nm
→ Leuchtdichte Y

- Auge empfindlich für kl. Veränderungen bei Y
→ Sinnvoller Parameter des Farbraumes
- Einfachste Möglichkeit: Y von Rot und Blau subtrahieren
→ (Y,B-Y,R-Y) def. gewschten Farbraum
- B-Y und R-Y heißen Farbarten
- JPEG def. Farbarten mittels YCbCr mit
  ○ $Y \in [16;235]$
  ○ $Cr; Cb \in [16;240]$ mit Indexverschiebung 128 entspricht nun 0

- Umrechnung wie folgt:

$$Y = \frac{77}{256}R + \frac{150}{256}G + \frac{29}{256}B$$

$$Cb = -\frac{44}{256}R - \frac{87}{256}G + \frac{131}{256}B + 128$$

$$Cr = \frac{131}{256}R - \frac{110}{256}G - \frac{21}{256}B + 128$$

R = Y + 1.371(Cr-128)
G = Y − 0.698(Cr-128) − 0.336(Cb-128)
B = Y + 1.732(Cb-128)

- RGB erreicht Werte aus [16;235]
- Werte aus [0;15]; [236;255] ebenfalls theoretisch möglich

# DCT

- DCT ist Variante der diskreten Fourier-Transformation (DFT)
- Direkt ersichtlicher Unterschied:
  DFT liefert komplexe Werte
  DCT nur reelle
- Warum ist DCT für Bildkompressionen besser als DFT?
- Dazu: Die Funktionsweise von DCT im 1-dimensionalen Fall

# 1-dimensional

- Beschränkung auf 8 Punkte (interessanter Fall für JPEG)
- Funktionsweisen
  - DFT

$$G_f = \sum_{t=0}^{7} p_t \cos\left(\frac{2\pi f t}{8}\right) - i \sum_{t=0}^{7} p_t \sin\left(\frac{2\pi f t}{8}\right) \quad \text{für} \quad f=0,1,\ldots,7$$

  - DCT

$$G_f = \frac{1}{2} C_f \sum_{t=0}^{7} p_t \cos\left(\frac{2\pi f (t+1)}{16}\right) \quad \text{für} \quad f=0,1,\ldots,7$$

$$\text{mit} \quad C_f = \begin{cases} \frac{1}{\sqrt{2}}, & f = 0 \\ 1, & f > 0 \end{cases} \quad \text{für} \quad f=0,1,\ldots,7$$

→org. Fkt. wird durch Kombination von Kosinusfunktionen approximiert

- $G_f$ beschreibt Kosinusfunktion mit Periode $\frac{f\pi}{16}$ (d.h Frequenz von $\frac{f}{16}$)
- $G_0$ wird auch als „DC Koeffizient" bezeichnet, da er eine Art Mittelwert der einzelnen Punkte bildet („direct current"/ Gleichstrom)

- Die Anderen werden als „AC-Koeffizienten" bezeichnet („alternating current" / Wechselstrom)
- Inverse DCT (IDCT)

$$P_t = \frac{1}{2}\sum_{j=0}^{7} C_j G_j \cos\left(\frac{2\pi j(t+1)}{16}\right) \qquad \text{für} \qquad f=0,1,\ldots,7$$

- Allgemeine Form von DCT

$$G_f = \frac{\sqrt{2}}{\sqrt{N}} C_f \sum_{t=0}^{N-1} p_t \cos\left(\frac{2\pi f(t+1)}{2N}\right) \quad \text{mit N der Anzahl der Punkte}$$

**BSP.:**
- Geg.: 8 Punkte 11,22,33,44,55,66,77,88
- DCT ergibt folgende Koeffizienten: 140,-71,0,-7,0,-2,0,0
- IDCT ergibt (unter Vernachlässigung der letzten beiden von 0 versch. Werten): 15,20,30,43,56,69,79,84
- Ergebnisse stimmen nicht exakt überein, aber annähernd (max. Abweichung 4)

# Hauptunterschiede

1. DFT ergibt komplexe Werte, DCT reelle
2. DFT setzt periodische Funktion voraus, DCT nicht
3. DCT rechenbetont

- DCT wird vor allem wegen 2. bevorzugt

**BSP.:**
- Geg.: 8 Punkte auf einer streng monoton steigenden Geraden
- DFT erweitert dies automatisch zu einer „Treppe"
- Rücktransformation ergibt eine „Sinuskurve"
- DCT würde dies richtig Rücktransformieren

# 2-dimensional

- allg. nxn Pixel $p_{xy}$

$$G_{ij} = \frac{1}{\sqrt{2n}} C_i C_j \sum_{x=0}^{n-1} \sum_{y=0}^{n-1} p_{xy} \cos(\frac{(2x+1)i\pi}{2n}) \cos(\frac{(2y+1)j\pi}{2n})$$  i,j=0,...,n-1

- $p_{xy}$ Pixel im 3-dim. Raum mit Koeff. x,y,z
  mit z = Wert der Farbkomponente
- Bei JPEG n=8 → 64 Pixel (Punkte auf
  einer Oberfläche)
  → 8x8 Matrix $G_{ij}$ „Raumfrequenz"
- Falls Oberfläche (fast) eine Ebene: $G_{ij}$=0 für
  fast alle i,j
- Falls „wellig" fast alle ungleich 0
- Einträge oben links repräsentieren
  Beitrag der niederfrequenten Kurven
- Einträge unten rechts Beiträge
  hochfrequenter Kurven
- DCT „harmonischer Analysator"
- IDCT „harmonischer Generator"
- $G_{00}$ „DC Koeffizient"
- $G_{ij}$ „AC-Koeffizient" sonst
- Pixelwerte variieren langsam von Pkt. zu
  Pkt.→ Oberfläche „fast" glatt, mit DC groß
  und AC immer kleiner (rechts unten)

- DCT macht Kompression mit Konzentration auf geringer frequente Gebiete möglich
→Unwichtige Informationen gehen durch Reduzierung der 64 Punkte verloren
→ nur geringer Qualitätsverlust
- In der Praxis nicht immer möglich
→ QC für jeden der 64 Punkte
- Warum 8x8 Beschränkung?
  - Weniger Rechenoperationen werden benötigt
  → kleinere Kompressionsraten, aber viel schneller
  - Versuche zeigen: Nachbarpunkte sind ähnlich (Datenverlust bei einzelnen Punkten verkraftbar), aber weiter entfernte haben nichts miteinander zu tun („Continuous-tone")

$$\rightarrow G_{ij} = \frac{1}{4} C_i C_j \sum_{x=0}^{7} \sum_{y=0}^{7} p_{xy} \cos(\frac{(2x+1)i\pi}{16}) \cos(\frac{(2y+1)j\pi}{16}) \quad i,j=0,\dots,7$$

$$\text{mit } C_f = \begin{cases} \frac{1}{\sqrt{2}}, f = 0 \\ 1, f > 0 \end{cases} \quad \text{für} \quad f=0,1,\dots,7$$

- 64 Pixel entsprechen also 8 Vektoren, die 8-dimensional sein können
- DCT entspricht dann einer Rotation im 8-dimensinalem Raum

→ Reduzierung auf geringer dimensionalen Raum (viele Koordinaten =0 oder nahe bei 0)

- IDCT

$$P_{xy} = \frac{1}{4} \sum_{i=0}^{7} \sum_{j=0}^{7} C_i C_j G_{ij} \cos(\frac{(2x+1)i\pi}{16}) \cos(\frac{(2y+1)j\pi}{16})$$

mit $C_f = \begin{cases} \frac{1}{\sqrt{2}}, f = 0 \\ 1, f > 0 \end{cases}$

- Mit geeigneten QC → Punkte vor Transformation und nach Rücktransformation fast gleich
- DCT mathematisch: Kartenwechsel von der „Bild-Karte" in die „Frequenz-Karte"
- Falls DCT / IDCT fast exakt berechnet werden können und keine QC angewendet werden

→ Punkte vorher und nachher exakt gleich

# DCT in der Praxis

- DCT ist „Herz" von JPEG
- Ziel: möglichst schnelle Berechnung
- Dazu mehrere Überlegungen
  - $$\sum_{x=0}^{7} \sum_{y=0}^{7} p_{xy} \cos(\frac{(2x+1)i\pi}{16}) \cos(\frac{(2y+1)j\pi}{16})$$

    benötigt 64*2 Multiplikationen, und 63 Additionen
  - cos-Funktionen können einmal berechnet und gespeichert werden
  - Doppelsumme kann geschrieben werden als: $CPC^T$

    Mit P = Matrix der Punkte

    $$C_{ij} = \begin{cases} \frac{1}{\sqrt{8}} ; i = 0 \\ \frac{1}{2} \cos(\frac{(2j+1)i\pi}{16}) ; i > 0 \end{cases}$$

    1 Element von CP benötigt 8+8 (vereinfacht, eigentlich 8+7) Mult. + Add.

    →CP benötigt $64*8^2 = 8^3$ Operationen

    →$(CP)C^T$ benötigt $2*8^3$ Op.

- Ang. Bild besteht aus nxn Punkten und n=8q
- Insgesamt werden $2q^28^3$ Op. benötigt
- Ohne Unterteilung würden $2n^3=2q^38^3=(2q^28^3)q$ Op. benötigt

→ Reduzierung um Faktor q durch units

- Nicht beliebig zu vergrößern, da sonst die units zu klein werden
- Jede Komponente des Farbraumes wird einzeln transformiert

→$3*2q^28^3=3072q^2$ Op. werden benötigt

**BSP.:** 512x512 Bild

→ 12.582.912 Mult. und die gleiche Anzahl Add. benötigt

- Weitere Verbesserung würde die Ausführung nur auf bestimmten Punkten bringen (z.B. nur ganzzahlige Punkte)

# Quantisierung

- Verlustreichster Schritt (wird deshalb bei verlustfreier Variante weggelassen)
- Jeder Koeffizient der DCT-Matrix wird durch seinen QC dividiert und auf die nächste ganze Zahl gerundet
- 3 Tabellen nötig, je eine für jede Farbkomponente
- Alle Einträge sind Parameter
- Können prinzipiell vom Benutzer verändert werden
- In der Praxis werden 2 Möglichkeiten genutzt
  - Voreingestellte Tabellen
    - Tabelle 4.10 für Leuchtdichte
    - Wurde mittels langer Experimente des JPEG committee erstellt und optimiert
    - Oben links kleinere werte → unten links immer größer
    → JPEG reduziert den Anteil an hochfrequenten Funktionen

- Erstellen einer Tabelle Q durch den Benutzer
  - Erfolgt z.B. nach folgendem Schema: $Q_{ij} = 1+(i+j)R$
  - Benutzer braucht nur R einzugeben, dann wird Tabelle automatisch erstellt
  - Garantiert ebenfalls den Anstieg von oben links nach unten rechts